Marcus du Sautoy

COME CONTARE FINO A INFINITO

Traduzione di Simonetta Frediani

Bollati Boringhieri

Marcus du Sautoy insegna Matematica a Oxford, dove occupa anche la cattedra di Public Understanding of Science. Membro della Royal Society, du Sautoy è stato insignito anche del premio Berwick della London Mathematical Society e del premio Faraday della Royal Society. Autore prolifico di libri divulgativi, ha raggiunto un enorme successo mondiale con *L'enigma dei numeri primi. L'ipotesi di Riemann, il più grande mistero della matematica* (2005). Tra gli altri libri pubblicati in Italia citiamo: *Il disordine perfetto. L'avventura di un matematico nei segreti della simmetria* (2007), *L'equazione da un milione di dollari. E altri enigmi matematici che rifiutano di lasciarsi risolvere* (2010), *Ciò che non possiamo sapere. Avventure ai limiti della conoscenza* (2016) e *Le teorie impossibili. Quali sono i limiti della scienza?* (2017).

Il suo sito internet è www.simonyi.ox.ac.uk

Prima edizione gennaio 2019

Titolo originale *How to Count to Infinity*
Pubblicato in originale in Gran Bretagna nel 2017 da Quercus Editions Ltd

Illustrazioni interne Amber Anderson

Torino, corso Vittorio Emanuele II, 86
Gruppo editoriale Mauri Spagnol

ISBN 978-88-339-3106-7

www.bollatiboringhieri.it

Stampato in Italia dalla GRAF ART - Officine Grafiche Artistiche - s.r.l.
di Venaria Reale (To)

Anno				Edizione						
2022	2021	2020	2019	1	2	3	4	5	6	7

Indice

Come contare fino a infinito

COME CONTARE FINO A INFINITO

Woody: Ehi, Buzz! Stai volando!
Buzz: Questo non è volare! Questo è cadere con stile!
Woody: Verso l'infinito e oltre!

Toy Story

Introduzione
Pronti, partenza, via!

Come si fa a contare fino a infinito? Non potrebbe essere più semplice: si parte da 1 e si va avanti. 1, 2, 3, 4... L'unico problema è che vi ci vorrà un sacco di tempo... «specie verso la fine» (per rubare una battuta a Woody Allen). In realtà, non ci arriverete mai. Vi mancherà il tempo. L'artista polacco Roman Opalka ha cercato di dipingere tutti i numeri da uno a infinito. Iniziando nel 1965, è arrivato a 5 607 249 e poi è morto, nel 2011, prima di dipingere il numero successivo.

Anche se recitaste i numeri ad alta voce invece che dipingerli, probabilmente in tutta la vita arrivereste a un miliardo e poi esalereste l'ultimo respiro senza riuscire ad arrivare a un miliardo e uno. Naturalmente a patto che nessuno vi interrompa. Se perdete il conto, tornate al punto (al numero) di partenza. Anche se arrivaste a un miliardo, comunque, sapreste che esisterà sempre un numero maggiore a cui qualcun altro potrebbe arrivare. Un trilione. Un quadrilione. Un fantastilione. Un googol (1 seguito da 100 zeri). Un googolplex (1 seguito da un googol di zeri). Un googolplex più 1!

Forse l'umanità intera potrebbe partecipare a una staffetta: quando qualcuno si arrende, un altro può partire da dove si è fermato il precedente. Anche questa strategia, però, è destinata a fallire. Si esaurirà il tempo dell'universo stesso. (Il tempo, crediamo, iniziò al momento del Big Bang. In passato si riteneva che, una volta iniziato, il tempo sarebbe andato avanti in eterno, ma scoperte recenti sull'espansione dell'universo implicano che a un certo punto si sarà talmente espanso che non resterà nulla che possa proseguire il conteggio infinito. Di fatto, non resterà nulla nemmeno per misurare il tempo. Il tempo si esaurirà. Il tempo ha una fine. Anch'esso è finito. Ma questa è un'altra storia).

Ciononostante, i matematici hanno trovato alcuni modi nuovi e ingegnosi per affrontare l'infinito senza dover contare fino alla fine. Usando stratagemmi geniali escogitati alla fine dell'Ottocento, i matematici hanno scoperto non solo come contare fino a infinito, ma anche che esistono tipi diversi di infinito. Alcuni più grandi di altri. È uno dei risultati più straordinari dell'impresa umana. Arrivare in cima all'Everest richiede soltanto un numero finito di passi. I matematici però hanno mostrato che usando il nostro equipaggiamento mentale finito possiamo raggiungere altezze vertiginose, che rendono del tutto insignificante l'altezza finita dell'Everest.

Eccomi qua, sono il vostro sherpa matematico che vi guiderà per arrivare a contare fino all'infinito e oltre.

Forse state pensando: «D'accordo, è possibile, ma perché vogliamo arrivarci? Nella vita di tutti i giorni, ci servirà sempre soltanto un numero finito di numeri, quindi perché preoccuparci di arrivare a infinito? In tutta la vita, ci sarà un numero massimo che prenderemo in considerazione e non penseremo mai a un numero maggiore, poiché la finitezza della nostra vita non ci farà andare oltre».

Proprio questo, però, è il motivo per cui vale la pena di contemplare l'infinito. L'infinito ci offre una via di fuga dalla penosa finitezza della nostra esistenza mortale. Immaginare l'infinito dà un senso di trascendenza a chi compie l'impresa. Come disse il famoso matematico tedesco David Hilbert parlando del matematico ottocentesco George Cantor, che fu il primo a darci una visione dell'infinito: «Nessuno potrà mai cacciarci dal paradiso che Cantor ha creato per noi». È in quel paradiso che voglio portarvi.

Come un monaco buddhista che raggiunge uno stato di distacco dal mondo attraverso la meditazione, per viaggiare verso l'infinito dovrete attingere a uno stato matematico zen di accettazione. In certi momenti vi potrà apparire inquietante, ma ricordate che stiamo cercando di accedere a qualcosa che potrebbe non avere realtà fisica. Il portale di accesso all'infinito si trova nei neuroni della vostra mente. Ma la quantità finita di materia grigia dentro la vostra testa è tutto ciò di cui avete bisogno per raggiungere questo nirvana matematico.

I.
Da quando contiamo?

... potrei star lì e contare tutto il giorno,
a volte mi faccio prendere dall'entusiasmo...
The Count's Counting Song, Sesame Street

Abbiamo iniziato a contare fino a infinito molte migliaia di anni fa. A quanto pare, in realtà i primi pensieri di esseri umani coscienti probabilmente avevano a che fare con qualche tipo di conteggio. Gli esseri umani avevano bisogno di contare per misurare il tempo. La prova più antica dell'attività di conto è un osso scoperto agli inizi degli anni settanta del secolo scorso durante uno scavo nel sito archeologico di Border Cave, una caverna ai piedi dei monti Lebombo, tra il Sudafrica e lo Swaziland. È un frammento del perone di un babbuino su cui sono incise in modo chiaro 29 tacche e risale approssimativamente al 35 000 a.C. Si ritiene che ossa come queste servissero a segnare il passare dei giorni tra un plenilunio e il successivo.

Un esempio più sofisticato di conteggio con le ossa è stato scoperto tra il Congo e l'Uganda e ora è conservato all'Institut Royal des Sciences Naturelles de Belgique. L'osso di Ishango, così è chiamato, risale al 20 000 a.C. e le sue tacche sono raggruppate in tre colonne che chiaramente servono a contare *qualcosa*. In una colonna si vedono 11 tacche, seguite da altre 13, poi 17 e infine 19. Il fatto che questi siano tutti i numeri primi tra 10 e 20 (di per sé straordinariamente emozionante) è solo una coincidenza? O gli esseri umani erano già ossessionati da questi numeri indivisibili? È chiaro, comunque, che questi cavernicoli usavano ossa intagliate per contare.

Anche le pitture rupestri di Lascaux, che risalgono al 15 000 a.C., mostrano tracce di antichi conteggi. Oltre alle straordinarie immagini di animali che corrono dipinte sulle pareti della grotta, si vedono anche strane sequenze di punti. Un'ipotesi è che quei punti segnino i quarti del ciclo lunare. Una di queste sequenze è formata da 13 punti e si trova accanto all'immagine di un cervo in calore. Se ogni punto rappresenta un quarto del ciclo lunare, 13 punti corrispondono a un quarto di anno. Una stagione. Probabilmente si tratta di un manuale di istruzioni per aspiranti cacciatori: indica in quale momento dell'anno i cervi sono in calore e quindi più facili da cacciare.

Il problema è che un mucchio di punti e di tacche non è molto per contare. È difficile capire con una semplice occhiata quanti sono effettivamente i punti sulla parete o le tacche su un osso. Quando gli elementi sono più di cinque, gli esseri umani non sono molto bravi a riconoscere il numero a vista.

Per poter fare un altro passo avanti logico, le diverse culture del mondo iniziarono dunque a sviluppare modi più sofisticati di contare.

Gli antichi egizi idearono una serie di simboli bizzarri per rappresentare 10, 100 e potenze di 10 maggiori: per esempio, disegnavano un osso del calcagno per simboleggiare il numero 10 e una rana per rappresentare il 100 000. Questo sistema, però, non avrebbe funzionato molto bene per contare fino a infinito, poiché per procedere sarebbero stati necessari sempre nuovi simboli. Come alternativa, altre culture dell'antichità svilupparono ciò che oggi chiamiamo sistema posizionale, un sistema in cui è davvero possibile cercare di contare fino a infinito con un numero finito di simboli.

Le testimonianze di una di queste culture antiche si trovano in America del Sud. All'incirca 2000 anni fa, i maya iniziarono a usare il sistema di punti che era stato usato dai cavernicoli; dopo aver disegnato 4 punti, però, invece di aggiungerne un quinto facevano ciò che fanno i prigionieri per contare i giorni: per indicare il 5 tracciavano una linea sui quattro punti. Quando arrivavano a 20, invece di aggiungere altri punti e linee, usavano il sistema posizionale. Per segnare quanti blocchi da 20 erano stati contati, introdussero una seconda posizione. Consideriamo questo esempio:

Questa figura rappresenta un blocco da 20 e 5 unità. Il contenuto della parte inferiore fornisce il numero delle singole unità (in questo caso 5, rappresentate dalla linea) e quello della parte superiore il numero delle ventine (in questo caso 1, rappresentato dal punto). Questo era il modo in cui i maya scrivevano 25. Dopo aver creato questo sistema, avrebbero potuto contare fino a infinito usando esclusivamente punti e linee: sarebbe bastato continuare a introdurre nuove posizioni per indicare altre potenze di 20 (proprio come facciamo noi con le potenze di 10). Il sistema di conto dei maya, costituito da punti e linee, era molto sofisticato e permetteva a chi si interessava di astronomia di svolgere calcoli su periodi estremamente lunghi.

Questo sistema posizionale era già stato creato e usato da una delle culture che per prime eseguirono calcoli matematici. Gli antichi babilonesi contavano a gruppi di sessanta. Avevano creato simboli che rappresentavano tutti i numeri fino a 59 e per indicare un'altra sessantina iniziavano una nuova colonna. A questo punto, sono certo che vi state domandando perché noi invece contiamo a gruppi di dieci quando altre culture contavano a gruppi di venti o sessanta. La scelta del nostro sistema decimale non ha avuto nulla a che fare con la particolare importanza del numero 10, ma solamente con il fatto che si contava sulle dita delle mani. I Simpson, che hanno 8 dita, probabilmente contano a gruppi di otto. Forse i maya contavano a gruppi di venti perché usavano sia le dita delle mani sia quelle dei piedi.

Allora, perché i babilonesi contavano a gruppi di sessanta? Una delle ragioni sta nelle particolari proprietà matematiche di questo numero. È un numero che ha molti divisori. Si può dividere per 2, 3, 4, 5, 6, 10, 12, 15 e 30. Questo rende molto flessibile il sistema numerico. Un'altra teoria, però, collega il numero 60 all'anatomia umana: per contare fino a 60 si possono usare le ossa delle dita. Il pollice della mano destra è il dito che si usa effettivamente per contare. Sulle altre quattro dita della mano destra ci sono 12 ossa. Immaginate di usare il pollice destro per contarle, ponendolo su ciascuna di esse, dalla prima fino alla dodicesima. Poi, usate tutte le dita della mano sinistra (compreso il pollice) per tenere conto di quanti gruppi da 12 avete contato. Sulle dita della mano destra potete contare fino a 5 gruppi da 12, per un totale di 60, appunto.

Anche se oggi contiamo a gruppi di dieci, restano tracce del sistema babilonese nel nostro modo di misurare il tempo: ogni minuto è composto da 60 secondi e ogni ora da 60 minuti.

Ora che abbiamo diversi simboli per il nostro conteggio fino a infinito, dobbiamo ideare una strategia per arrivarci.

2.
Contare sempre più velocemente

> Un infinito di passioni può essere contenuto in un minuto, come una folla in un piccolo spazio.
>
> Gustave Flaubert, *Madame Bovary*

Come esercizio di riscaldamento, ecco una possibile strategia da usare per arrivarci. Bisognerà fare qualche calcolo, ma non potete aspettarvi di leggere un libro intitolato *Come contare fino a infinito* senza qualche esercizio algebrico. Facciamo quindi un po' di allenamento per attivare i nostri neuroni matematici.

Ecco la strategia. Conto da 1 a 10 per vedere quanto ci metto. 8 secondi. Voglio andare più alla svelta. I prossimi dieci numeri, da 11 a 20, li conterò in 4 secondi. E i dieci successivi in 2 secondi. Ogni volta che affronto altri dieci numeri dimezzo il tempo che ho impiegato per dire i dieci precedenti. Quanto tempo impiegherò per dire tutti i numeri? (Un numero infinito di numeri).

Devo sommare tutti i tempi necessari per ciascun gruppo di dieci numeri.

$$8 + 4 + 2 + 1 + 1/2 + 1/4 + 1/8 + \ldots$$

È la somma di un numero infinito di numeri! Non ci vorrà una quantità infinita di tempo per questo calcolo? E la somma di un numero infinito di numeri non mi darà un risultato infinito?

Ecco la nostra prima astuta strategia per evitare di dover eseguire una quantità infinita di calcoli. Supponiamo che il risultato di questa somma infinita sia N. Che sia infinito o sia qualche altro numero, il risultato in ogni caso lo chiamiamo N.

Ora assisterete a uno di quei giochi di prestigio matematici che a prima vista sembrano una mossa stupida, salvo rendervi conto alla fine che in realtà si tratta di un'idea geniale.

Calcoleremo il risultato di $2 \times N$. Moltiplicando per 2 ciascun numero della nostra somma infinita otteniamo:

$$\begin{aligned} 2 \times N &= 2 \times (8 + 4 + 2 + 1 + 1/2 + 1/4 + 1/8 + \ldots) \\ &= 2 \times 8 + 2 \times 4 + 2 \times 2 + 2 \times 1 + 2 \times 1/2 + 2 \times 1/4 + 2 \times 1/8 + \ldots \\ &= 16 + 8 + 4 + 2 + 1 + 1/2 + 1/4 + \ldots \end{aligned}$$

Avendo raddoppiato N, se ora sottraiamo N otteniamo di nuovo N:

$$2 \times N - N = N$$

Se diamo un'occhiata al risultato di $2 \times N$ e poi sottraiamo N, però, accade una cosa piuttosto sorprendente:

$$\begin{aligned} &2 \times N - N = \\ &16 + 8 + 4 + 2 + 1 + 1/2 + 1/4 + \ldots \\ &\quad - 8 - 4 - 2 - 1 - 1/2 - 1/4 - 1/8 - \ldots \\ &= 16 \end{aligned}$$

Perché il risultato è 16? Perché tutti gli altri elementi della prima riga sono stati eliminati dagli elementi della seconda riga. Resta solo 16. Quindi abbiamo calcolato N e sorprendentemente N è uguale a 16. Usando questa strategia, quindi, ci vorrebbero soltanto 16 secondi per contare fino a infinito!

Naturalmente, la strategia appena descritta richiede che da un certo momento in poi la vostra bocca si muova a una velocità superiore a quella della luce e, sfortunatamente, la velocità della luce è finita. Seguendo questa strada, dunque, non arriveremo a infinito. Dobbiamo cambiare linea di attacco.

Passiamo quindi a un'altra strategia. Ci ispireremo al modo in cui certe tribù indigene di regioni diverse del mondo affrontano i numeri molto grandi, anche quando non hanno nomi per indicarli. In molte lingue degli aborigeni australiani, ad esempio, nessun numero maggiore di 5 ha un nome. Gli angkamuthi della penisola di Capo York contano in questo modo: *ipima* (1), *udhima* (2) e *wuchama* (3). Qualsiasi numero maggiore di 3 è indicato come *makyan* (molti).

Per gli angkamuthi, la parola *makyan* è un modo per indicare l'infinito, cioè qualcosa che non sanno contare. Anche se possono contare soltanto fino a 3, però, hanno una strategia che li aiuta a capire quando un «infinito» è maggiore di un altro.

Supponiamo di avere due mucchi di frutta, uno di prugne e uno di limoni. Anche se ciascun mucchio contiene *makyan* (molti) frutti, gli angkamuthi hanno un sistema per stabilire quale ne contiene di più. Prendono una prugna e un limone e li mettono da parte. Poi prendono un'altra prugna e un altro limone, mettono via anche questa coppia e continuano così finché almeno uno dei due mucchi si esaurisce. Se uno dei due mucchi contiene ancora qualche frutto, sanno che quel *makyan* era più grande dell'altro. Se entrambi si esauriscono nello stesso momento, significa che contenevano lo stesso numero di frutti.

Si pensa che questa sia la stessa strategia usata dagli animali. Per la loro sopravvivenza è molto importante che gli animali abbiano una certa abilità numerica. Contare permette a un uccello di sapere quando un uovo è stato portato via dal nido e di essere ancora più vigile affinché non ne scompaiano altri. Se il vostro branco di scimmie è minacciato da un branco rivale, è importante valutare qual è il branco più numeroso. La risposta vi farà decidere se combattere o fuggire. Anche se è improbabile che abbiano nomi per numeri maggiori di 3 (o se hanno nomi per qualcosa), gli animali applicano lo stesso principio degli angkamuthi: accoppiano mentalmente una scimmia di una tribù a una scimmia dell'altra finché una delle due tribù non si esaurisce.

Con un'intuizione straordinaria, il matematico tedesco George Cantor capì che i matematici che cercano di contemplare l'infinito non sono tanto diversi dagli angkamuthi o da un branco di scimmie. Noi abbiamo nomi per tutti i numeri finiti, ma è quando le cose sono infinite che abbiamo problemi. Per descrivere la grandezza di qualunque cosa non finita abbiamo una sola parola: infinito.

Tuttavia, come capì Cantor, ciò non significa che non possano esistere più infiniti e, in tal caso, che non sia possibile confrontare due infiniti e stabilire che hanno la stessa numerosità, e persino valutare quando un infinito contiene più elementi di un altro. Il segreto sta nel trovare un modo per accoppiare gli infiniti elementi di un mucchio agli infiniti elementi dell'altro e vedere se si corrispondono esattamente o no.

Reggetevi forte, sta per iniziare il tentativo di contare fino a infinito.

3.
Benvenuti all'Albergo Infinito

> La meditazione è la dissoluzione dei pensieri nella consapevolezza eterna o pura coscienza senza oggettivazione, sapendo senza pensare, fondendo il finito nell'infinito.
>
> Swami Sivananda, leader spirituale indù

David Hilbert fu uno dei primi matematici a capire molto in fretta la straordinaria intuizione di Cantor. Per spiegare l'idea agli altri, Hilbert ideò uno scenario meraviglioso, che aiuta a capire il sistema proposto da Cantor per confrontare gli infiniti: un albergo con un numero infinito di camere. Sulla porta di ciascuna camera c'è un numero; la camera numero 1 è seguita dalla camera numero 2, poi dalla numero 3 e così via, lungo il corridoio che va fino a infinito. Alla reception sta il portiere Cantor, che ha il compito di sistemare tutti gli ospiti a mano a mano che arrivano all'Albergo Infinito.

Ora immaginate i pullman pieni di turisti che arrivano all'Albergo Infinito. Ciascun pullman contiene un numero infinito di ospiti e ciascun ospite indossa un badge su cui è stampato il proprio numero. La sfida consiste nel capire se l'albergo possa o meno ospitare gli infiniti ospiti in arrivo.

Per esempio, gli ospiti del primo pullman hanno sui badge i numeri 1, 2, 3... fino a infinito. Questa comitiva è facile da sistemare perché ciascun ospite viene accoppiato al numero di camera indicato dal proprio badge. Fin qui, nulla di sorprendente, e dopo qualche giorno questi ospiti facili da sistemare ripartiranno soddisfatti.

Per secondo arriva il pullman con la comitiva dei numeri pari. A queste persone piacciono soltanto i numeri pari, perciò ciascun ospite ha un numero pari sul proprio badge. Abbiamo quindi l'ospite numero 2, l'ospite numero 4, l'ospite numero 6... e così via fino a infinito. A prima vista, sembra che questa comitiva sia grande metà della prima e che perciò l'albergo sarà mezzo vuoto. Ma non è necessariamente vero. Questo è il primo aspetto elusivo dell'infinito. In realtà il portiere Cantor può assegnare le camere agli ospiti in modo che ogni camera sia accoppiata a un ospite. La regola che segue è che ciascun ospite prende la camera il cui numero è la metà del numero indicato dal proprio badge. Quindi l'ospite numero 2 prende la camera 1, l'ospite numero 4 la camera 2, l'ospite numero 6 la camera 3, e così via, fino a infinito. Anche se a prima vista era parso che questo pullman contenesse metà delle persone necessarie, l'albergo alla fine è pieno. E questo è un bene per gli affari, come converrebbe chiunque lavori nel settore alberghiero.

L'infinito dei numeri pari è grande come l'infinito di tutti i numeri. Pensiamo agli angkamuthi che accoppiano le prugne e i limoni. Se constatano che ciascuna prugna può essere accoppiata a un limone diverso, e viceversa, possono dedurre che il numero delle prugne è uguale al numero dei limoni, anche se non hanno un nome per indicare il totale. Nello stesso modo, possiamo dire che l'infinito dei numeri pari è grande quanto l'infinito di tutti i numeri perché abbiamo trovato un modo per accoppiarli in maniera esatta. Tutta la comitiva dei numeri pari viene sistemata e l'albergo è pieno, poiché ciascuna camera ha un ospite. Per esempio, la camera 27 ospita la persona numero $2 \times 27 = 54$.

Quindi, anche se sulla carta (o sul registro delle prenotazioni) sembrava che la comitiva dei numeri pari potesse riempire soltanto metà delle camere, in realtà ci rendiamo conto che questi due infiniti contengono necessariamente lo stesso numero di elementi. Adesso, però, arriva un pullman enorme, con la comitiva delle frazioni. I numeri sui badge di questi ospiti sono tutti delle frazioni e, data qualsiasi frazione, tra quell'immensa folla da qualche parte c'è qualcuno che ha proprio quella frazione sul badge. A prima vista sembra impossibile che tutti questi ospiti trovino posto nell'Albergo Infinito. Dopo tutto, ci sono infinite frazioni solo tra il numero 1 e il numero 2, e poi di nuovo tra il numero 2 e il numero 3, e così via. Di sicuro sistemare la comitiva delle frazioni nell'Albergo Infinito è impossibile.

Il portiere Cantor, però, non si lascia scoraggiare dall'arrivo di questo nuovo gruppo. Miracolosamente, trova un modo coerente e logico per accoppiare ciascun ospite a una camera dell'Albergo Infinito di modo che nessun ospite resti senza camera. Ora descriverò l'algoritmo, o metodo, ideato da Cantor per assegnare le camere. È un'idea tutt'altro che ovvia, ma per affrontarla basta avere sangue freddo.

Come prima cosa, Cantor deve trovare un modo per mettere un po' di ordine nella folla indisciplinata della comitiva delle frazioni, in cui tutti cercano di passare davanti agli altri per riuscire ad avere una camera. Deve trovare un sistema per farli mettere in fila in modo ordinato per poter distribuire le chiavi delle camere.

In primo luogo, fa uscire dal gruppo tutti gli ospiti che hanno sul badge una frazione con un 1 nella parte inferiore: 1/1, 2/1, 3/1, 4/1... Sono infiniti, ma Cantor li fa mettere in fila in una coda infinita con in testa 1/1, seguito da 2/1, poi da 3/1 e così via, fino a infinito. Il problema è che anche le frazioni che restano sono infinite, quindi non possono distribuire le chiavi solo a questa fila.

Cantor crea quindi una seconda fila che si affianca alla prima: è la fila degli ospiti con un 2 nella parte inferiore della propria frazione. Il primo è 1/2, seguito da 2/2, poi da 3/2 e così via, fino a infinito. Anche così, però, restano fuori infinite frazioni. Ma Cantor continua nello stesso modo, creando un numero infinito di altre file come questa. Così, per esempio, la ventisettesima fila conterrà tutte le frazioni con 27 nella parte inferiore, con in testa 1/27, seguito da 2/27, poi da 3/27 eccetera.

Ogni frazione è da qualche parte in questo schieramento. Per esempio, dov'è l'ospite numero 71/101? È la settantunesima persona nella centunesima fila creata da

Cantor. Un momento, però, come fa Cantor a distribuire le chiavi? Come fa a trasformare questo numero infinito di file infinite in un'unica fila infinita? A questo punto arriva il vero e proprio colpo di genio di Cantor. Invece di muoversi lungo una delle file, percorre una griglia infinita, seguendo un itinerario a zig-zag tra le frazioni. Procede zigzagando, accertandosi di visitare ciascuna frazione in qualche momento della sua danza diagonale.

Per esempio, la frazione 1/1 è la prima della fila e le viene assegnata la camera numero 1. Poi Cantor va dalla frazione 2/1, che riceve la chiave della camera numero 2. A quel punto, però, invece di proseguire lungo quella fila, torna indietro in diagonale per assegnare la camera numero 3 alla frazione 1/2. Consideriamo una frazione come 2/3. Quale camera viene assegnata a questo ospite? Sarà il nono ospite visitato da Cantor, quindi avrà la camera numero 9.

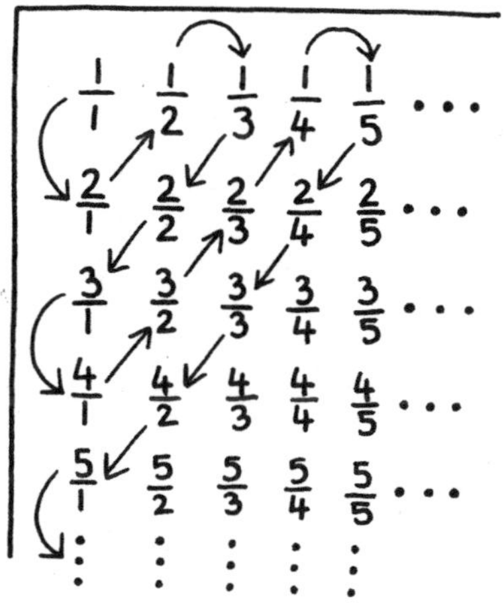

Incredibilmente, il numero infinito di ospiti con una frazione sul badge ha la stessa numerosità del numero infinito dei numeri interi, anche se a prima vista sembrava che la comitiva delle frazioni avrebbe sommerso l'Albergo Infinito. E invece l'astuto schema diagonale del portiere Cantor garantisce che tutti gli ospiti con una frazione sul badge vengano accoppiati a una camera.

A questo punto, inizia a sembrare che tutti gli infiniti abbiano la stessa numerosità. Forse è possibile sistemare la comitiva infinita di qualsiasi pullman? No, si dimostra che non è così. La comitiva successiva, la comitiva dei numeri irrazionali, confonde e mette in difficoltà il portiere. Per quanto si sforzi, non riesce a trovare un modo per sistemare tutti gli ospiti, anche se dispone di un numero infinito di camere. Chi sono questi stupidi e irritanti ospiti irrazionali?

4.
I numeri irrazionali

Il numero governa le forme e le idee ed è la causa di dei e demoni.

Pitagora

Contiamo da quando siamo stati in grado di pensare: per misurare il tempo, per decidere se combattere o fuggire, per allevare i figli e per assicurarci che nessuno sia stato portato via. Ciononostante, una matematica più sofisticata nacque soltanto dalle nuove esigenze, dettate dalle civiltà in via di sviluppo, di misurare il mondo intorno a noi. Con la nascita delle nuove città-stato sulle rive dell'Eufrate e del Nilo, le antiche culture dei babilonesi e degli egizi ebbero bisogno di nuovi strumenti matematici per modellare l'ambiente... e per tassarlo!

I cittadini dell'antico Egitto venivano tassati in proporzione alla grandezza degli appezzamenti di terreno che possedevano. Se il coltivatore possedeva un campo rettangolare, il calcolo era semplice: l'area della superficie si poteva ottenere facilmente moltiplicandone la lunghezza per la larghezza. Le difficoltà per il fisco insorgevano nel caso di appezzamenti posti lungo il Nilo. Il problema era che un fiume non segue linee rette, ma forma dei meandri. Spesso il terreno racchiuso in un meandro era un mezzo cerchio perfetto. Così il fisco, per essere in grado di tassare gli agricoltori in modo corretto, si trovò ad affrontare il problema di calcolare l'area di un cerchio, per poi dividerla a metà.

Se il cerchio aveva un dato raggio, chiamiamolo R, qual era la sua area? Il quadrato circoscritto al cerchio era composto da quattro piccoli quadrati di lato R e quindi di area $R \times R = R^2$. L'area del cerchio, però, era più piccola dell'area dei quattro piccoli quadrati che formavano il quadrato grande circoscritto al cerchio, come illustra la figura. I matematici dell'epoca scoprirono che, indipendentemente dalla grandezza del cerchio, per calcolarne l'area si doveva moltiplicare R^2 sempre per uno stesso numero. Questo numero è il pi greco (π), che molti considerano uno dei più importanti ed enigmatici della matematica.

Uno dei tentativi più antichi di calcolare questo numero è attestato in uno dei primi e più importanti documenti nella storia della matematica, il papiro di Rhind, che fu scritto da uno scriba egizio, un certo Ahmes, all'incirca nel 1650 a.C. Questo papiro, oggi conservato nel British Museum, è pieno di fantastici calcoli matematici, tra cui la prima stima del valore di π. Ahmes cerca di stimare l'area di un campo circolare, con un diametro di 9 unità. Poiché l'area di un cerchio è uguale al prodotto di π per il quadrato del raggio del cerchio, se conosciamo l'area e il raggio, possiamo calcolare π.

Nel papiro di Rhind si afferma che un campo circolare con un diametro di 9 unità ha un'area quasi uguale a quella di un quadrato con il lato di 8 unità; ma come si sarebbe potuta scoprire questa relazione? La mia teoria preferita è che la scoperta del valore di π abbia avuto origine dalla passione degli antichi egizi per il gioco del mancala. I tavolieri per il mancala erano molto popolari in quel periodo, tanto che si sono trovati persino tavolieri scolpiti sui tetti dei templi.

Il tavoliere consiste di due file di buche circolari. All'inizio, ciascun giocatore ha lo stesso numero di pedine tutte uguali (semi, sassolini o piccole conchiglie) e l'obiettivo del gioco è muoversi sul tavoliere catturando le pedine dell'avversario. Forse Ahmes aveva giocato a mancala e, aspettando il suo turno, aveva osservato che a volte le pedine riempivano una buca in un modo piuttosto bello, decorativo. Per esempio, 7 pedine potevano essere disposte con 1 pedina al centro circondata da 6 pedine che creavano una forma esagonale intorno alla pedina centrale.

Forse Ahmes continuò a fare esperimenti costruendo cerchi sempre più grandi scoprendo che, prendendo il numero di pedine necessario per fare un quadrato 8×8, poteva poi disporle in un grande cerchio con un diametro di 9 pedine.

Questa osservazione permetteva di stimare l'area del cerchio con un diametro di 9 unità. Ridisponendo le pedine nella configurazione del quadrato 8×8, e conoscendo l'area del quadrato (64 unità), Ahmes poté stimare l'area del cerchio. Ricordate che l'area di un cerchio è uguale al prodotto di π per il quadrato del raggio:

$$A = \pi \times R^2$$

Pertanto, riorganizzando l'equazione, otteniamo la formula seguente per π:

$$\pi = A \div R^2$$

Il raggio è metà del diametro, in questo caso 4,5 unità. Quindi, dividendo 64 (l'area del cerchio) per $4{,}5 \times 4{,}5 = 20{,}25$ (il quadrato del raggio del cerchio), otteniamo un valore di π pari a circa 3,16. Non male come prima stima. Con lo sviluppo della matematica, altre culture cercarono di stabilire il valore di questo importante numero, π, in modo sempre più preciso.

Come il nostro giocatore di mancala, anche Archimede, un matematico dell'antica Grecia, cercò di calcolare l'area di un cerchio usando altre forme geometriche, che era in grado di analizzare più facilmente. Una buona stima dell'area gli avrebbe permesso di calcolare π. Archimede iniziò disegnando un triangolo all'interno del cerchio e un altro all'esterno. Non vedeva una grande somiglianza tra il triangolo e il cerchio, ma che cosa succedeva raddoppiando il numero di lati dei triangoli e sostituendoli con esagoni? Gli esagoni hanno una forma un po' più simile a quella del cerchio, quindi possono essere usati per ottenere una stima migliore dell'area del cerchio. Continuando a raddoppiare il numero di lati della forma usata per approssimare il cerchio, la differenza tra l'area del cerchio e l'area della forma con molti lati diventava sempre più piccola. In effetti, a volte si dice che un cerchio è un poligono regolare con un numero infinito di lati. Archimede non si spinse fino all'infinito. Si fermò una volta arrivato a una forma di 96 lati, che gli permise di stimare che il valore di π era compreso tra 223/71 e 22/7. Fu Archimede a calcolare l'approssimazione di π usata oggi dalla maggior parte degli ingegneri, cioè 22/7.

Nonostante tutti gli sforzi fatti, tuttavia, nessuno riusciva a esprimere in modo esatto questo numero enigmatico usando una frazione. Qualsiasi frazione sembrava un po' troppo grande o un po' troppo piccola. La ragione per cui i matematici dell'antichità incontrarono questo problema è che π non può proprio essere scritto sotto la forma di una frazione. Non è un rapporto tra due numeri interi. È ciò che chiamiamo un numero irrazionale. Anche se si arrivò a dimostrare che π è irrazionale soltanto nell'Ottocento, questi nuovi, strani numeri erano già stati scoperti dai pitagorici nel corso del tentativo di misurare un'altra quantità. Non l'area del cerchio, questa volta, ma la lunghezza di un lato di un triangolo.

Pitagora fu profondamente turbato dalla scoperta che i rapporti tra numeri interi non sono sufficienti per misurare il mondo. Andava contro la sua concezione della musica delle sfere, l'idea che l'universo fosse un sistema di rapporti perfetti tra numeri interi. Questa convinzione era scaturita dalla sua scoperta della base matematica dell'armonia musicale, la scoperta secondo cui le frequenze musicali che giudichiamo armoniche sono tutte legate a rapporti perfetti tra numeri interi. Ma la successiva scoperta delle proporzioni disarmoniche, irrazionali, distrusse la dottrina filosofica pitagorica. Quale fu la causa di questo sconvolgimento? Il teorema dello stesso Pitagora sui triangoli rettangoli.

Prendete un triangolo rettangolo con i due lati corti lunghi 1 metro. Il teorema di Pitagora vi dice come calcolare la lunghezza del lato lungo del triangolo, chiamato ipotenusa: elevando al quadrato le lunghezze dei due lati corti e sommando questi due quadrati si ottiene il quadrato della lunghezza del lato lungo. Poiché i due lati corti sono lunghi entrambi un metro, in base al teorema il quadrato del lato lungo deve essere $1^2 + 1^2 = 2$. Qual è la lunghezza dell'ipotenusa, allora? È quella lunghezza, che chiameremo L, che, elevata al quadrato, dà come risultato 2 (quindi L deve essere quel numero che chiamiamo radice quadrata di 2). Ma qual *è* questo numero?

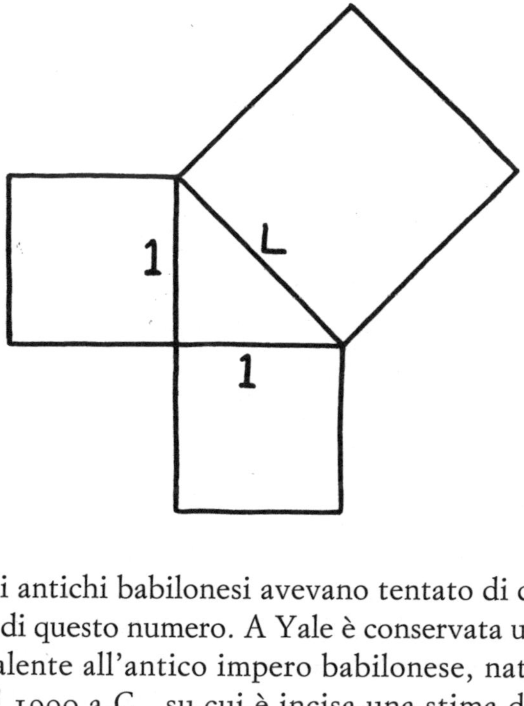

Già gli antichi babilonesi avevano tentato di calcolare il valore di questo numero. A Yale è conservata una tavoletta risalente all'antico impero babilonese, nato all'incirca nel 1900 a.C., su cui è incisa una stima di questa lunghezza. Probabilmente la tavoletta fu usata da un apprendista scriba a cui l'insegnante aveva assegnato il compito di trovare un numero il cui quadrato è 2. Lo studente non se la cavò male. Scritta nel sistema sessagesimale, cioè in base 60, usato dai babilonesi, la stima della lunghezza è:

$$1 + 24/60 + 51/60^2 + 10/60^3 = 30\,547/21\,600$$

che in notazione decimale diventa 1,41421296296 periodico (le ultime tre cifre, 296, si ripetono all'infinito). È una stima davvero notevole, corretta fino alla sesta cifra decimale. Ma elevando al quadrato questo numero decimale (o quello stesso numero espresso sotto forma di frazione) il risultato non è esattamente 2. Fu uno dei seguaci di Pitagora, Ippaso, a dimostrare che chiunque avesse cercato di stabilire il valore esatto del numero (compreso lo scriba babilonese!) avrebbe sempre trovato una frazione che elevata al quadrato non dà 2, poiché una frazione che è la radice quadrata esatta di 2 non esiste. Ippaso dimostrò che se questa frazione fosse esistita avrebbe implicato che i numeri pari sono dispari e viceversa. Chiaramente, un'assurdità. L'unico modo di risolvere questa contraddizione consisteva nell'ammettere che non esiste un numero che elevato al quadrato dà 2. Questo nuovo tipo di numero fu chiamato numero irrazionale, perché non può essere scritto come rapporto (in latino, *ratio*) di due numeri interi.

La scoperta di Ippaso indignò gli altri pitagorici. La convinzione di Pitagora che l'universo fosse retto dall'armonia matematica aveva dato origine a una setta e la scoperta dei numeri irrazionali era in contrasto con tutti i suoi principi. La setta decise di tenere segreta la scoperta. Ippaso però non riuscì a trattenersi dal condividere la grande rivelazione e la notizia dei numeri irrazionali iniziò a diffondersi. Avendo infranto il voto di silenzio che gli era stato imposto, Ippaso, colpevole di aver rivelato questa disarmonia posta nel cuore del mondo fisico, fu portato in mare aperto e fatto annegare. Chi si era reso conto che la matematica poteva essere così pericolosa? Ma la notizia di questi nuovi numeri non poteva essere soffocata così facilmente.

Oggi sappiamo che numeri come π e la radice quadrata di 2 sono esempi di numeri che, quando si cerca di esprimerli come numeri decimali, hanno un'espansione decimale che continua all'infinito, senza mai ripetersi. Per esempio, la radice quadrata di 2 scritta come un decimale infinito inizia così:

$$1{,}414213562\ldots$$

e continua all'infinito. Se limitiamo la sequenza dei decimali a una qualunque quantità finita di cifre e eleviamo il numero al quadrato, non arriveremo mai esattamente a 2. Per poter indicare questa lunghezza del triangolo pitagorico ci vorrebbe un numero infinito di cifre decimali che non si ripetono.

Anche π è un numero che per essere espresso richiede infinite cifre decimali che non si ripetono. Grazie ai metodi matematici moderni e alla potenza di calcolo dei computer, oggi conosciamo migliaia di miliardi di cifre decimali di questi numeri. Naturalmente, nessuno ha bisogno di conoscerne tante al fine pratico di calcolare un'area. Basta conoscerne 39 per essere in grado di calcolare l'area di un cerchio grande come l'universo conosciuto a meno di un errore paragonabile alle dimensioni di un atomo di idrogeno. Ma per conoscere davvero π è necessario saper contare fino a infinito.

È incredibile: quando guardiamo un cerchio o un triangolo, stiamo fissando l'infinito.

La radice quadrata di 2 e π sono soltanto due degli infiniti possibili numeri decimali infiniti, ma la straordinaria rivelazione di Cantor è che *questo* infinito – l'infinito di tutti i numeri decimali infiniti – è un tipo di infinito realmente più grande degli insiemi dei numeri interi o delle frazioni tanto amati dai pitagorici.

5.
Il mio infinito è più grande del tuo

E chiunque tu sia, esci al tramonto
fuor della stanza, in cui più nulla ignori.
Termine estremo innanzi all'infinito,
(oh, chiunque tu sia!) sta la tua casa.

Rainer Maria Rilke, *Esordio*

Torniamo all'Albergo Infinito, dove il portiere sta cercando di affrontare la comitiva dei numeri irrazionali che è appena arrivata con l'ultimo pullman. Tutti hanno un badge con un numero personale, ma questa volta ciascun numero è uno di quei numeri che hanno un'espansione decimale infinita, come π e la radice quadrata di 2. L'operatore turistico è assolutamente convinto che l'Albergo Infinito sia in grado di sistemare tutti. Sono certamente infiniti, ma l'albergo di Cantor ha infinite camere. Invece, il portiere sta iniziando a preoccuparsi. Si è reso conto che, per quanto si impegni ad associare le camere agli ospiti, può dimostrare che in ogni caso qualcuno resterà *senza* camera.

L'operatore turistico non vuole arrendersi al pessimismo del portiere Cantor: dopotutto, era riuscito a sistemare tutta la comitiva delle frazioni arrivata la sera precedente e sulle prime il compito era sembrato del tutto impossibile. Si era trattato soltanto di trovare una maniera intelligente di ordinare la comitiva delle frazioni in modo che il portiere, seguendo un percorso a zig-zag, potesse essere certo di assegnare una camera a ciascuno.

L'operatore turistico sostiene di avere un algoritmo davvero intelligente che farà la stessa cosa per la comitiva dei numeri irrazionali. Inizia a mettere tutti in fila usando il suo algoritmo e sostiene che quando avrà finito si sarà formata una fila ordinata di ospiti e al portiere basterà percorrerla per distribuire le chiavi delle camere. Supponiamo che l'algoritmo dell'operatore turistico abbia messo in cima alla fila π. La successiva è la radice quadrata di 2, dopodiché la fila procede passando da un numero decimale infinito a un altro:

1 viene accoppiato a 3,1415926...
2 viene accoppiato a 1,6180339...
3 viene accoppiato a 2,7182818...
4 viene accoppiato a 1,4142135...
5 viene accoppiato a 2,7182818...

L'operatore turistico è certo che il suo algoritmo garantisca che da qualche parte nella fila si possa trovare qualsiasi decimale infinito. Ma il portiere Cantor non è d'accordo. Decide di costruire un numero decimale infinito di cui possa dimostrare che non può essere da nessuna parte.

Inizia con la prima persona della fila. «Qual è la sua prima cifra decimale?» domanda. La risposta è: «1». Il portiere scrive allora 2 come prima cifra decimale del numero cercato. Ciò garantisce che il suo numero decimale non sarà uguale al numero della prima persona perché i due numeri hanno la prima cifra decimale diversa. Il portiere passa poi alla seconda persona della fila. Gli servirà per decidere la seconda cifra decimale del suo numero. «Qual è la sua seconda cifra decimale?» domanda. La seconda persona guarda il suo badge e risponde: «1». Il portiere sceglie quindi 2 come seconda cifra decimale del suo numero. In questo modo può essere certo che sarà diverso dal decimale infinito sul badge del secondo della fila. Perché? Perché i due numeri hanno la seconda cifra decimale diversa.

Immagino che sappiate che cosa farà ora il portiere Cantor: procederà nella fila e userà l'*ennesima* persona per scegliere l'*ennesima* cifra decimale del numero che sta cercando. Lo stratagemma che usa consiste nello scegliere sempre per il suo numero una cifra decimale diversa da quella del numero della persona.

Fatto ciò, torna dall'operatore turistico e gli dice: «Le è sfuggito l'ospite con *questo* numero sul badge. Non è da nessuna parte nella fila».

L'operatore turistico non ha intenzione di arrendersi subito. «È sicuro? Provi con il settantunesimo della fila».

Vanno entrambi da quella persona e il portiere invita l'operatore turistico a controllare la settantunesima cifra decimale del numero sul badge. Come sappiamo, è diversa dalla settantunesima cifra decimale del numero dell'ipotetico ospite mancante. Di fatto, il portiere ha volutamente fatto in modo che fosse così. L'operatore turistico non può farci niente: il modo in cui il portiere ha costruito il suo numero decimale infinito garantisce che l'ospite con quel numero sul badge non sia nella fila.

L'operatore turistico finisce per ammettere l'esistenza di un ospite mancante. «D'accordo! Allora mettiamolo in cima alla fila e spostiamo tutti in avanti». Il portiere, però, si oppone: «Posso rifare lo stesso giochino e trovare un altro ospite mancante. Può fare tutti i tentativi che vuole, il mio stratagemma mostra che nella sua fila manca sempre un ospite. Anzi, ne mancano infiniti!»

Questo è proprio il nodo della questione. Per quanto intelligente sia l'algoritmo dell'operatore, per quanto egli si sforzi di trovare un ordine per i decimali infiniti, la controstrategia del portiere Cantor mostra che da una fila di numeri decimali infiniti mancherà sempre qualche ospite. L'infinito dei decimali infiniti non può essere accoppiato all'infinito dei numeri interi. È un tipo di infinito realmente più grande, chiamato infinito non numerabile, perché non può essere accoppiato ai numeri che *possono* essere contati.

Questa, secondo me, è una delle scoperte più sbalorditive della storia della matematica. In precedenza l'infinito era considerato qualcosa che superava i limiti della conoscenza, qualcosa che non si poteva comprendere. Tutti gli infiniti erano raggruppati nelle «quantità infinite» dei matematici. Cantor, tuttavia, trovò un modo per affrontare l'infinito e per dimostrare che l'infinito non è un'unica cosa, che ne esistono diversi tipi, alcuni più grandi di altri, a cui si può dare un nome. All'improvviso queste «quantità infinite» diventarono numeri dotati a pieno diritto di un nome. È come se il mondo fosse sempre stato visto in bianco e nero e Cantor avesse mostrato che la matematica dell'infinito in realtà è colorata. È come se il bianco fosse stato strappato via rivelando una gamma infinita di infiniti di diversi colori.

Lo stratagemma consisteva nel non iniziare a contare «1, 2, 3...» sperando di raggiungere l'infinito. Un cambiamento di prospettiva ci ha permesso di passare all'infinito in un colpo solo e, così facendo, di mostrare che l'infinito è una bestia con molte teste. Sorprendentemente, ci sono volute soltanto 48 pagine per raggiungere l'infinito. Questo è il grande potere del pensiero matematico. Usando l'equipaggiamento finito di cui siamo dotati possiamo trascendere il nostro ambiente finito e toccare l'infinito. Al termine del nostro viaggio verso l'infinito, spero che pensiate di poter condividere i sentimenti di Amleto, quando dichiara: «Potrei essere confinato in un guscio di noce e considerarmi re di uno spazio infinito» (W. Shakespeare, *Amleto*, Atto II, scena 2).

Lasciando i domini trascendentali dell'infinito e tornando alle nostre esistenze terrene, finite, questa capacità matematica di addentrarsi nell'infinito ha qualche conseguenza sulla nostra vita quotidiana? La risposta, sorprendentemente, è affermativa. Gran parte della vita moderna si basa su strumenti simili a quelli ideati nel nostro viaggio nell'infinito. Per affrontare l'infinito, abbiamo escogitato algoritmi che ci permettono di accoppiare due insiemi infiniti apparentemente diversi e di dimostrare che hanno lo stesso numero di elementi. Questa capacità di elaborare un metodo, una ricetta, per accoppiare elementi indipendentemente dal loro numero, è alla base di molti degli algoritmi che controllano la nostra vita quotidiana.

Gli algoritmi matematici ci aiutano a navigare attraverso una moltitudine di cose diverse, per esempio per trovare una strada nella nostra città o un sito web che suggerisca libri e film che possono interessarci. La matematica permette persino di trovare una persona che potrebbe diventare il nostro partner per tutta la vita, quindi un giorno questi strumenti che ci hanno offerto un modo per accoppiare tutte le frazioni ai numeri interi potrebbero aiutarvi a trovare l'amore della vostra vita. Bene, questo *deve* ben valere un viaggio verso l'infinito...

COME CONTARE FINO A INFINITO

1, 2, 3, 4, 5, 6, 7, 8, 9, 10, 11, 12, 13, 14, 15, 16, 17, 18, 19, 20, 21, 22, 23, 24, 25, 26, 27, 28, 29, 30, 31, 32, 33, 34, 35, 36, 37, 38, 39, 40, 41, 42, 43, 44, 45, 46, 47, 48, 49, 50, 51, 52, 53, 54, 55, 56, 57, 58, 59, 60, 61, 62, 63, 64, 65, 66, 67, 68, 69, 70, 71, 72, 73, 74, 75, 76, 77, 78, 79, 80, 81, 82, 83, 84, 85, 86, 87, 88, 89, 90, 91, 92, 93, 94, 95, 96, 97, 98, 99, 100, 101, 102, 103, 104, 105, 106, 107, 108, 109, 110, 111, 112, 113, 114, 115, 116, 117, 118, 119, 120, 121, 122, 123, 124, 125, 126, 127, 128, 129, 130, 131, 132, 133, 134, 135, 136, 137, 138, 139, 140, 141, 142, 143, 144, 145, 146, 147, 148, 149, 150, 151, 152, 153, 154, 155, 156, 157, 158, 159, 160, 161, 162, 163, 164, 165, 166, 167, 168, 169, 170, 171, 172, 173, 174, 175, 176, 177, 178, 179, 180, 181, 182, 183, 184, 185, 186, 187, 188, 189, 190, 191, 192, 193, 194, 195, 196, 197, 198, 199, 200, 201, 202, 203, 204, 205, 206, 207, 208, 209, 210, 211, 212, 213, 214, 215, 216, 217, 218, 219, 220, 221, 222, 223, 224, 225, 226, 227, 228, 229, 230, 231, 232, 233, 234, 235, 236, 237, 238, 239, 240, 241, 242, 243, 244, 245, 246, 247, 248, 249, 250, 251, 252, 253, 254, 255, 256, 257, 258, 259, 260, 261, 262, 263, 264, 265, 266, 267, 268, 269, 270,

271, 272, 273, 274, 275, 276, 277, 278, 279, 280, 281,
282, 283, 284, 285, 286, 287, 288, 289, 290, 291, 292,
293, 294, 295, 296, 297, 298, 299, 300, 301, 302, 303,
304, 305, 306, 307, 308, 309, 310, 311, 312, 313, 314,
315, 316, 317, 318, 319, 320, 321, 322, 323, 324, 325,
326, 327, 328, 329, 330, 331, 332, 333, 334, 335, 336,
337, 338, 339, 340, 341, 342, 343, 344, 345, 346, 347,
348, 349, 350, 351, 352, 353, 354, 355, 356, 357, 358,
359, 360, 361, 362, 363, 364, 365, 366, 367, 368, 369,
370, 371, 372, 373, 374, 375, 376, 377, 378, 379, 380,
381, 382, 383, 384, 385, 386, 387, 388, 389, 390, 391,
392, 393, 394, 395, 396, 397, 398, 399, 400, 401, 402,
403, 404, 405, 406, 407, 408, 409, 410, 411, 412, 413,
414, 415, 416, 417, 418, 419, 420, 421, 422, 423, 424,
425, 426, 427, 428, 429, 430, 431, 432, 433, 434, 435,
436, 437, 438, 439, 440, 441, 442, 443, 444, 445, 446,
447, 448, 449, 450, 451, 452, 453, 454, 455, 456, 457,
458, 459, 460, 461, 462, 463, 464, 465, 466, 467, 468,
469, 470, 471, 472, 473, 474, 475, 476, 477, 478, 479,
480, 481, 482, 483, 484, 485, 486, 487, 488, 489, 490,
491, 492, 493, 494, 495, 496, 497, 498, 499, 500, 501,
502, 503, 504, 505, 506, 507, 508, 509, 510, 511, 512,
513, 514, 515, 516, 517, 518, 519, 520, 521, 522, 523,
524, 525, 526, 527, 528, 529, 530, 531, 532, 533, 534,
535, 536, 537, 538, 539, 540, 541, 542, 543, 544, 545,
546, 547, 548, 549, 550, 551, 552, 553, 554, 555, 556,
557, 558, 559, 560, 561, 562, 563, 564, 565, 566, 567,
568, 569, 570, 571, 572, 573, 574, 575, 576, 577, 578,

579, 580, 581, 582, 583, 584, 585, 586, 587, 588, 589,
590, 591, 592, 593, 594, 595, 596, 597, 598, 599, 600,
601, 602, 603, 604, 605, 606, 607, 608, 609, 610, 611,
612, 613, 614, 615, 616, 617, 618, 619, 620, 621, 622,
623, 624, 625, 626, 627, 628, 629, 630, 631, 632, 633,
634, 635, 636, 637, 638, 639, 640, 641, 642, 643, 644,
645, 646, 647, 648, 649, 650, 651, 652, 653, 654, 655,
656, 657, 658, 659, 660, 661, 662, 663, 664, 665, 666,
667, 668, 669, 670, 671, 672, 673, 674, 675, 676, 677,
678, 679, 680, 681, 682, 683, 684, 685, 686, 687, 688,
689, 690, 691, 692, 693, 694, 695, 696, 697, 698, 699,
700, 701, 702, 703, 704, 705, 706, 707, 708, 709, 710,
711, 712, 713, 714, 715, 716, 717, 718, 719, 720, 721,
722, 723, 724, 725, 726, 727, 728, 729, 730, 731, 732,
733, 734, 735, 736, 737, 738, 739, 740, 741, 742, 743,
744, 745, 746, 747, 748, 749, 750, 751, 752, 753, 754,
755, 756, 757, 758, 759, 760, 761, 762, 763, 764, 765,
766, 767, 768, 769, 770, 771, 772, 773, 774, 775, 776,
777, 778, 779, 780, 781, 782, 783, 784, 785, 786, 787,
788, 789, 790, 791, 792, 793, 794, 795, 796, 797, 798,
799, 800, 801, 802, 803, 804, 805, 806, 807, 808, 809,
810, 811, 812, 813, 814, 815, 816, 817, 818, 819, 820,
821, 822, 823, 824, 825, 826, 827, 828, 829, 830, 831,
832, 833, 834, 835, 836, 837, 838, 839, 840, 841, 842,
843, 844, 845, 846, 847, 848, 849, 850, 851, 852, 853,
854, 855, 856, 857, 858, 859, 860, 861, 862, 863, 864,
865, 866, 867, 868, 869, 870, 871, 872, 873, 874, 875,
876, 877, 878, 879, 880, 881, 882, 883, 884, 885, 886,

887, 888, 889, 890, 891, 892, 893, 894, 895, 896, 897, 898, 899, 900, 901, 902, 903, 904, 905, 906, 907, 908, 909, 910, 911, 912, 913, 914, 915, 916, 917, 918, 919, 920, 921, 922, 923, 924, 925, 926, 927, 928, 929, 930, 931, 932, 933, 934, 935, 936, 937, 938, 939, 940, 941, 942, 943, 944, 945, 946, 947, 948, 949, 950, 951, 952, 953, 954, 955, 956, 957, 958, 959, 960, 961, 962, 963, 964, 965, 966, 967, 968, 969, 970, 971, 972, 973, 974, 975, 976, 977, 978, 979, 980, 981, 982, 983, 984, 985, 986, 987, 988, 989, 990, 991, 992, 993, 994, 995, 996, 997, 998, 999, 1000, 1001, 1002, 1003, 1004, 1005, 1006, 1007, 1008, 1009, 1010, 1011, 1012, 1013, 1014, 1015, 1016, 1017, 1018, 1019, 1020, 1021, 1022, 1023, 1024, 1025, 1026, 1027, 1028, 1029, 1030, 1031, 1032, 1033, 1034, 1035, 1036, 1037, 1038, 1039, 1040, 1041, 1042, 1043, 1044, 1045, 1046, 1047, 1048, 1049, 1050, 1051, 1052, 1053, 1054, 1055, 1056, 1057, 1058, 1059, 1060, 1061, 1062, 1063, 1064, 1065, 1066, 1067, 1068, 1069, 1070, 1071, 1072, 1073, 1074, 1075, 1076, 1077, 1078, 1079, 1080, 1081, 1082, 1083, 1084, 1085, 1086, 1087, 1088, 1089, 1090, 1091, 1092, 1093, 1094, 1095, 1096, 1097, 1098, 1099, 1100, 1101, 1102, 1103, 1104, 1105, 1106, 1107, 1108, 1109, 1110, 1111, 1112, 1113, 1114, 1115, 1116, 1117, 1118, 1119, 1120, 1121, 1122, 1123, 1124, 1125, 1126, 1127, 1128, 1129, 1130, 1131, 1132, 1133, 1134, 1135, 1136, 1137, 1138, 1139, 1140, 1141, 1142, 1143, 1144, 1145, 1146, 1147, 1148, 1149, 1150, 1151, 1152, 1153, 1154, 1155, 1156 ... ∞

Christophe Galfard

Come capire $E = mc^2$

È la formula più famosa di tutti i tempi. Ma quanti di noi sanno che cosa significa, esattamente? E perché è ancora importante per noi cent'anni dopo la sua esposizione?

Il fisico di fama mondiale Christophe Galfard considera il significato reale dietro all'iconica sequenza di simboli di cui è composta la più nota equazione di Einstein.

Nello stile accessibile ed evocativo che lo contraddistingue, Galfard dispiega in un racconto appassionato l'impatto di questa teoria sulla nostra visione della realtà, portandoci a una nuova comprensione della natura dello spazio e del tempo.

Bollati Boringhieri

Christophe Galfard

L'universo a portata di mano

In viaggio attraverso la fisica dello spazio e del tempo

Immaginate di essere fatti di pura coscienza, senza corpo, e di essere in grado di spostarvi a velocità vertiginose nello spazio immenso e profondo, capaci di miniaturizzarvi per immergervi dentro al mondo brulicante di un nucleo atomico, o di diventare enormi per tuffarvi a capofitto proprio dentro a un buco nero. Immaginate di essere proprio lì, a toccare fisicamente tutte quelle cose così affascinanti che nei libri di fisica vengono spesso descritte in termini un po' asettici e talvolta decisamente difficili. Ma questa volta capite tutto, perché non vi stanno solo descrivendo l'universo: lo state proprio toccando con mano.

Con una prosa mozzafiato – metà novella metà fisica teorica –, Christophe Galfard vi farà volare direttamente sulla superficie del Sole, nei meandri di una galassia, alle origini del Big Bang e dentro un buco nero, dove tempo, spazio, materia e energia – e ogni altra abituale categoria della fisica, di cui Galfard è uno degli interpreti più brillanti – si confondono.

Questo libro straordinario ci fa comprendere – per la prima volta così chiaramente – le più strane e sconcertanti verità della scienza, senza disdegnare di soffermarsi lungo il cammino sulle questioni che queste scoperte hanno rimesso in discussione, dall'esistenza di Dio, all'origine del tempo, al futuro stesso dell'umanità.

L'universo a portata di mano è un'opera che si legge come un romanzo, solo che racconta la vera, incredibile, grandiosa avventura del cosmo e della fisica.

Bollati Boringhieri